# BEI GRIN MACHT SICH IHR WISSEN BEZAHLT

- Wir veröffentlichen Ihre Hausarbeit, Bachelor- und Masterarbeit

- Ihr eigenes eBook und Buch - weltweit in allen wichtigen Shops

- Verdienen Sie an jedem Verkauf

Jetzt bei www.GRIN.com hochladen und kostenlos publizieren

**Bibliografische Information der Deutschen Nationalbibliothek:**

Die Deutsche Bibliothek verzeichnet diese Publikation in der Deutschen National-
bibliografie; detaillierte bibliografische Daten sind im Internet über http://dnb.d-
nb.de/ abrufbar.



**Impressum:**

Copyright © 2015 GRIN Verlag, Open Publishing GmbH
Druck und Bindung: Books on Demand GmbH, Norderstedt Germany
ISBN: 9783668358058

**Dieses Buch bei GRIN:**

http://www.grin.com/de/e-book/346513/private-militaerische-unternehmen-ein-
neoliberales-phaenomen

Marc Lovrić, Daniel Rosón Eichelmann

# Private militärische Unternehmen. Ein neoliberales Phänomen?

GRIN Verlag

Johann Wolfgang Goethe Universität Frankfurt am Main

Fachbereich 11 Geographie

Institut für Humangeographie

Wintersemester 2014/2015


Hausarbeit im Rahmen des Seminars Geographien der Vermarktlichung und ihre Grenzen

# Inwiefern stellen Private Militärische Unternehmen ein neoliberales Phänomen dar?

von Daniel Rosón Eichelmann und Marc Lovric´

# Inhaltsverzeichnis

# Einleitung

Im Zeitalter des Neoliberalismus sind mittlerweile diverse Lebensbereiche und staatliche Funktionen in private Hände gekommen. So stellt sich die Frage, welche Kompetenzen denn überhaupt noch in den Hoheitsbereich eines Staates fallen. Um so erstaunlicher ist es, dass vor allem im militärischen Bereich zunehmend nach marktwirtschaftlicher Logik gehandelt wird.

Der Siegeszug des Neoliberalismus nimmt weiterhin seinen Lauf und zeigt sich in der immer stärker werdenden Privatisierung des Militär- und Sicherheitsbereiches. Die steigende Anzahl Privater Militärisches Unternehmen, abgekürzt PMUs, bestätigt diese Tendenz und kreiert eine Evidenz sich mit dieser Art von Unternehmungen auseinanderzusetzen.

Es handelt sich dabei um militärische Dienstleistungsunternehmen, die die „neuen Söldner" (Joachim 2009: 36) organisieren und entsenden.

Durch ihre Präsenz in mehreren aktuellen Krisengebieten, momentan z.B. im Ukraine-Konflikt[1], macht dieser Unternehmenszweig dezent auf sich aufmerksam, wenn auch nicht im Mittelpunkt stehend. Nichtsdestotrotz ist eine Analyse der genauen Prozesse, Merkmale und Strukturen fundamental für ein allumfassendes Verständnis der Rolle Privater Militärischer Unternehmen.

Ausgehend von der genaueren Definition ist es von grundlegender Relevanz das Phänomen der PMUs darzulegen. Anhand ihrer Entstehungsgeschichte kann man sie im historischen Kontext verorten, um ihr Entstehen verständlicher nachvollziehen zu können. Die militärischen Dienstleistungen solcher Unternehmen weisen ein breitgefächertes Angebot auf, welches speziell angepasst werden kann. Die Aufgabenbereiche erstrecken sich von der militärischen Unterstützung in Form einer Operation bis hin zur logistischen Planung. Auch die unterschiedlichen Unternehmensstrukturen gilt es zu typisieren, da man auch hier zwischen drei unterschiedlichen Unternehmensformen unterscheidet.

Im darauffolgenden Abschnitt geht es darum den theoretischen Rahmen des neoliberalen Paradigma im Allgemeinen zu bestimmen. Es ist fundamental die einzelnen Faktoren des Neoliberalismus zu beleuchten, um den Bezug zu den PMUs herzustellen und letztendlich eine Antwort auf die Fragestellung zu erhalten.

Danach gilt es den Neoliberalismus mit dem expliziten Phänomen der PMUs in Verbindung zu setzen. Im Rahmen dessen werden die Motive und die Vor- und Nachteile synoptisch zusammenfügt.

---

[1] http://www.spiegel.de/politik/ausland/ukraine-krise-400-us-soeldner-von-academi-kaempfen-gegen-separatisten-a-968745.html

# Private Militärische Unternehmen: Aufgaben, Geschichte und Typen

„Söldner und Hilfstruppen sind nutzlos und gefährlich. Wer nämlich seine Herrschaft auf Söldner stützt, wird niemals einen festen und sicheren Stand haben; denn sie sind uneinig, herrschsüchtig, undiszipliniert und treulos; mutig unter Freunden und feige vor dem Feind; ohne Furcht vor Gott und ohne Treue gegenüber den Menschen; du schiebst deinen Untergang nur so lange auf wie du den Angriff aufschiebst; im Frieden wirst du von ihnen ausgeplündert und im Krieg vom Feind." (Machiavelli 1532)

So kann auch die moderne Form des Söldnertums beschrieben werden: Es handelt sich dabei um militärische Dienstleistungsunternehmen, die als Folge der neoliberalen Reformen in den 1970er Jahren, und dem etwa zwanzig Jahre späteren Ende des Kalten Krieges, der eine instabile Welt zur Folge hatte, als unterstützende Hand in Krisengebieten fungieren. Oder auch: „Es handelt sich um private, gewinnorientierte Unternehmen, die militärische Dienstleistungen anbieten und Aufgaben übernehmen, die die Durchsetzung ökonomischer und politischer Ziele mit Hilfe militärischer Gewalt zum Ziel haben." (Ruf 2003: 76)

Privatisierung des staatlichen Sicherheitsbereiches geht mit einer Entstaatlichung einher, weil so z.B. jegliche Legitimation, Rechtfertigung oder Zuordnung nichtig wird. Mit dem Outsourcing vorher staatlicher Aufgaben, haben PMUs fünf verschiedene Funktionen inne. Erstens dienen militärische Dienstleister als *offensive kämpferische Unterstützung* in unmittelbarer Kriegsnähe, was man unter bewaffneten Operationen versteht. Darüber hinaus gibt es noch den sogenannten *militärischen Sicherheitsbereich*, worunter man den defensiven Objekt-, Konvoi- oder Personenschutz bündelt. Allerdings können Soldaten des Sicherheitsbereiches zu aktiven Kämpfern umfunktioniert werden, wenn die Basis nicht weit vom Kriegsschauplatz ist. Als dritter Funktionsbereich gilt die *unbewaffnete operative Gefechtsunterstützung*, worunter beispielsweise die Luftaufklärung fällt mit allen ihren computergestützten Waffen- und Kommunikationssystemen. Der vierte Tätigkeitsbereich heißt *militärische Ausbildung und Beratung* und impliziert die theoretische strategische und taktische Planung, die sich dann auf Handlungen auf dem Gefechtsfeld auswirkt. Der letzte Bereich macht neunzig Prozent des privaten militärischen Gewerbes aus und bezieht sich auf die nicht unmittelbare *logistische Unterstützung* eines Krieges. Damit wird aus nationalstaatlicher Seite ein relevantes Ziel erreicht, sodass man sich auf die Kernaufgaben der Kriegsführung konzentrieren kann. Neben der Schaffung einer Infrastruktur fallen unter die Funktion der militärischen Logistik Aufgaben wie der Bau der Unterkünfte, Lebensmittelversorgung, Waffenlieferungen, Postauslieferungen oder die Säuberung der Latrinen.

Demnach kann man die diversen PMUs in unterschiedliche Kategorien einordnen: Logistik, Beratung und Ausbildung und Operationen[2]. Jede Firma tut das, was sie am Besten kann. Ob sie es am Besten kann, misst sich an der Qualität, der Leistung und dem daraus resultierenden Ansehen eines Unternehmens.

Daran kann man erkennen, dass die marktwirtschaftlich-rationale Logik die „tiefste Pore" des Privaten Militärgewerbes durchdrungen hat, was für den Siegeszug des Neoliberalismus spricht.

Diese eigene ökonomische Logik in der Entstehung und dem Ablauf von Kriegen versteht man auch unter einem „politisch-militärisch-kommerziellen Komplex" (Joachim 2009), weil sie intransparent ist und sich die Frage stellt, welche Interessen sich hinter einer Operation verstecken? Was legitimiert die Aufträge nichtstaatlicher Akteure und wer kontrolliert und koordiniert diese?

Mit Jean-Paul Sartre argumentierend; „kann Regieren weder schuldlos noch rein und sauber sein[3]", sodass sich die Frage nach richtigen und falschen, gerechten oder ungerechten Handeln erübrigt.

Offensichtlich herrscht hier wie so oft eine Dichotomie privater Interessen und der Staatsmacht, die sich jedoch gegenseitig nicht immer ausschließen wenn es oftmals im rechtlichen Sinne zu Rechtfertigungen und Auslegungen von Kriegen kommt. Des Weiteren ist Fakt, dass PMUs in einer Grauzone agieren und sich im Grunde genommen inoffiziell an gar nichts zu binden haben, da dies weder politisch geregelt[4] ist, noch supranationale Kontrollparteien interessiert daran sind Gesetze zu vereinbaren, die dies regeln.

Die Übernahme militärischer und für Kriege nützlicher Dienstleistungen ist keinesfalls ein Phänomen, welches in der Geschichte nie stattgefunden hat. Um das Aufkommen vieler Söldner zu verhindern, wurde den Heeren die Verfügungsgewalt in sämtlichen, für sie wirksamen Bereichen zugesprochen. Mit zunehmender Bedeutung des Kapitalismus und der Ausbreitung marktwirtschaftlicher Transaktionen wurde in den USA gegen Ende des 19. Jhd. die Waffenproduktion in die Hände privater Firmen übergeben. In den europäischen Staaten wurde dieser Prozess nach dem Ende des zweiten Weltkriegs begonnen und in den 1990er Jahren abgeschlossen. Hierbei handelt es sich aber nur um die Waffenproduktion. Wie kann es also sein, dass sich seit den 1990er Jahren ganze Militärdienstleister herausbildeten, die Aufgaben staatlicher Sicherheitsinstitutionen übernehmen?

---

[2] Military Support Firms, Military Consulting Firms, Military Provider Firms (Peter W. Singer 2003)

[3] Vgl. Jean-Paul Sartre (1972): Les mains sales, Gallimard, Folio

[4] diesbzgl. sollten Akteure der Global Governance wie die UN feste Regeln und Gesetze aufstellen

Nach der Beendigung des Kalten Krieges kam es zur Abrüstung im Militärbereich vieler Staaten, sodass eine hohe Anzahl an intensiv ausgebildeten und kampferprobten Soldaten vor der Arbeitslosigkeit standen, aber auch zahlreiche Handfeuerwaffen die Welt fluteten.

Somit mangelte es den zum Großteil neu gegründeten privaten Militär- und Sicherheitsunternehmen nicht an Personal. Es spielte auch keine Rolle aus welchen Ländern sie stammen, lediglich ihre Kompetenzen waren ausschlaggebend. Der Stellenabbau im Militärbereich, der auch durch die veränderten Anforderungen an die Streitkräfte entstanden ist, bewirkte ein Outsourcing von Zuständigkeitsbereichen, die für die zunehmenden, zeitlich begrenzten und kleineren Einsätze von Vorteil sind. Als Beleg dafür ist zu sehen, dass die Umsätze der privaten Militärunternehmen mit Kunden, die von Budgetkürzungen im Militärbereich betroffen waren, anstiegen.

In Bezug auf den technologischen Fortschritt spielen private Militärunternehmen auch eine entscheidende Rolle. Durch den immer stärker werdenden Fokus auf eine neue, moderne und technologielastige Kriegsführung, sind die Staaten somit auch mehr und mehr abhängig von den PMUs, da diese in der Forschung und Ausarbeitung komplexer Waffensysteme eine Vorreiterrolle einnehmen. Die Wartung und Bedienung solcher Arsenale fällt damit zwangsweise in den Zuständigkeitsbereich der PMUs. Im Endeffekt bestimmen Ingenieure, IT-Experten oder Techniker wie es mit der Entwicklung und der Benutzung bestimmter Waffensystemen von Staaten weitergeht. Ein anderes Motiv für den Aufstieg der PMUs sind die aufkommenden Probleme und Konflikte in vielen Entwicklungsländern. Nachdem die bipolare Weltordnung aufgebrochen wurde und die Subventionen an so genannte Drittstaaten nicht mehr flossen, gerieten diese in wirtschaftliche und politische Krisen. Als einige Regierungen bestimmter Staaten, wie z.B. Angola oder Sierra Leone, Gefahr liefen durch Rebellen gestürzt zu werden, beauftragten sie private Militärunternehmen, die durch ihre exzellent ausgebildeten Mitarbeiter und flexiblen Einsatzmöglichkeiten einen Sturz mittels Kämpfen verhinderten. Hier wird die Effektivität der PMUs erkennbar, die die politische Entwicklung ganzer Staaten verändern können.

Die schon angesprochene Veränderung der globalen Machtverhältnisse erzeugte neue Anforderungen an das Militärwesen, da sich die Einsatzarten veränderten. Humanitäre Interventionen verzeichnen einen erheblichen Anstieg, sodass die PMUs vor allem bei solchen Missionen zum Einsatz kommen. Hinzu kommt die seit dem 11.September 2001 konstatierte Bedrohung durch den Terrorismus und dementsprechende Sicherheitsmaßnahmen. So stellten 2004 im Irak PMUs das zweitgrößte bewaffnete Kontingent mit etwa 15.000-20.000 Menschen nach den US-Streitkräften.

Ein weiterer Grund, der den Aufstieg und die Entwicklung der PMUs fördert, ist die Diskussion um die Verantwortung der Militäreinsätze und die öffentliche Meinung über derartige Konflikte. Durch die Beauftragung von PMUs für militärische Aktivitäten ziehen sich die Staaten aus der öffentlichen Debatte, da sie nicht direkt mit ihrem nationalen Militär im Einsatz sind, sondern nur indirekt durch ihren Auftrag.

## Theoretischer Rahmen – Neoliberalismus - Polit-Ökonomisch

Neoliberalismus: „Eine durchaus heterogene internationale Strömung der Wirtschafts– und Gesellschaftswissenschaften […], deren verbindendes Ziel, eine zeitgemäße Legitimation für eine marktwirtschaftlich dominierte Gesellschaft zu entwerfen und durchzusetzen, unter verschiedenen politischen und ökonomischen Bedingungen verfolgt wurde und wird." (Ptak 2007)

Daraus folgt, dass aus polit-ökonomischer Perspektive der Neoliberalismus ein Wirtschaftsmodell ist, welches ein Zurückdrängen des Staates beschreibt und die damit einhergehende Vermarktlichung von Bereichen, die davor keiner Marktlogik unterlagen. Ein prägender Faktor ist die Flexibilisierung der Wirtschaft, da so den Unternehmen und der Privatwirtschaft weniger Einschränkungen zukommen. Die regulierenden staatlichen Aktivitäten werden zurückgefahren, um im Sinne der freien Marktwirtschaft, den freien Wettbewerb nicht zu stören. Den profitorientierten Unternehmen kommt hierbei eine fundamentale Rolle zu, da sie auf Kapitalakkumulation aus sind und somit im Sinne des theoretischen Modells der Marktwirtschaft handeln. Um das wirtschaftliche Wachstum zu fördern, werden im Neoliberalismus neue Bereiche der Marktlogik unterzogen und in die Wirtschaft eingeschlossen. Diesen Prozess nennt man Privatisierung; sobald ein Bereich in die Hände des Marktes fällt. Im Zuge dessen ist dabei nicht zu vergessen, dass die Erschließung solcher Bereiche nicht ohne Betroffene vonstattengeht. Im Falle der PMUs wird der Militärsektor privatisiert, sodass hier eine Marktlogik entsteht und man von Kunde und Dienstleister sprechen kann. Durch die Profitorientierung treten andere Aspekte in den Hintergrund, sodass letztendlich die wirtschaftliche Perspektive ausschlaggebend für Entscheidungen ist. Außerdem ist eine Folge des Neoliberalismus eine zunehmende soziale und räumliche Ungleichheit.

Da im Rahmen des Neoliberalismus viele verschiedene umstrittene Bereiche der Marktlogik unterworfen sind, ist es nicht verwunderlich, dass dieses Phänomen der Privatisierung auch im Militär- und Sicherheitssektor passiert. Ein Unterschied zu anderen Bereichen ist dadurch erkennbar, dass der Militärbereich das staatliche Gewaltmonopol betrifft und dieses somit eingeschränkt wird. Gestützt wird dieses Vorhaben durch eine Aussage des ehemaligen US-Außenministers: „Jede Funktion, die vom privaten Sektor übernommen werden kann, ist keine Kernfunktion der Regierung." Diese Art des Denkens löst eine extreme Arbeitsteilung aus, da durch das „outsourcen", also dem Auslagern diverser Dienstleistungen, die Aufgaben von anderen Unternehmen durchgeführt werden. Dies erfolgt oftmals aus Gründen der Kosteneinsparung.

Eben diese Logik der Kosteneinsparung macht auch im Militärbereich keinen Halt, sodass es hier zu bestimmten Konfliktpunkten kommen kann. Denn durch das auf Profit ausgerichtete Auftreten der militärischen Dienstleister werden militärische Konflikte bewusst aufrechterhalten, da eben diese Konflikte den Militärunternehmen Gewinn bringen. So kann Krieg bzw. ein bewaffneter Konflikt zu einem Geschäft werden. Schlussendlich stellt sich die Frage, ob denn der Militärsektor für die implementierte Marktlogik der richtige ist, da hier direkte Menschenleben betroffen sind.

## Das neoliberale Modell am Beispiel der Militärischen Dienstleister

In letzter Zeit erfahren nichtstaatliche Schutzanbieter zunehmend eine differenzierte Bewertung in der wissenschaftlichen Forschung. Ihnen wird aufgrund der vielen negativen Effekte insgesamt eine destruktive Funktion zugeschrieben. Diesbezüglich muss das Geber-Nehmer-Verhältnis näher untersucht werden und die damit verbundenen vertraglichen und rechtlichen Strukturen und Verhältnisse untersucht werden. Aus marktwirtschaftlicher Sichtweise wird am Beispiel der PMUs die globale Sicherheit zur Ware und damit kommodifiziert[5]. Es geht im übergeordneten Ziel darum Kapital zu akkumulieren und Profite zu erzielen. Dabei werden zwei verschiedene Formen bzw. Logiken voneinander unterschieden. Einerseits die reine Produktion und der Verkauf des Know-Hows, gemeint sind die drei verschiedenen Formen der Dienstleistung in Form des bewaffneten Kampfes, der Logistik und der Beratung und andererseits die Einrichtung von Besteuerungssystemen[6]. Ersteres erfolgt im Sinne der Kommerzialisierung und letzteres zwanghaft. Daran ist zu erkennen, dass sich hinter dem ökonomischen System nicht selten mafiöse Strukturen verbergen, wenn auch nur inoffiziell und erst bei genauerer Analyse zu erkennen.

Allerdings ist eine räumliche Überschneidung von Kommerzialisierung und Zwang nicht auszuschließen bzw. in komplementärer Konstellation vorzufinden. (Vgl. von Boemcken 2013)

Daraus ergeben sich zahlreiche Konsequenzen wie beispielsweise das Ausufern der Gewaltmärkte (Schmidt 2012), die Unkontrollierbarkeit von PMUs, die mit der Privatisierung einhergehende

---

[5] hier: im Sinne der Vermarktlichung „wird Etwas zur Ware"

[6] eine oftmals vorkommende Form sind diesbzgl. Schutzgelder

Entstaatlichung und der immer weiter zunehmende Machtzuwachs transnational operierender Unternehmen oder das rüde Ausbeuten attraktiver Ressourcen besonders auf afrikanischen Territorien.

Ferner kommt es zur Ausbreitung von Bürgerkriegsökonomien, dem sogenannten *warlordism*[7].

Dieser bildet sich nach Staatszerfallsprozessen und Krisenzeiten, in denen der Charakter der Staatsmonopole brüchig wird. Besonders im Falle der *„failed states"* (Ruf 2003) kommt es zur Selbstjustiz durch Banden und Kriegsherren.

Einer der Gründe dafür ist das fehlende oder bewusste Ignorieren solcher Strukturen und die Bereitschaft der NATO-Staaten dem entgegenzuwirken. Konsequenterweise kämpfen dann strategisch überlegene, mit innovativer militärischer Technologie ausgestattete PMU-Söldner in einer rechtlichen Grauzone auf „feindlichen" Boden gegen militärisch Benachteiligte kommunale Truppen. Außerdem ist zu beobachten, dass die Entsouveränisierung schwacher Staaten bewusst geplant ist, da mächtige Staaten sich die Instrumentarien des UN-Sicherheitsrates zunutze machen, um an bereichernde Quellen zu stoßen. Der dabei erfolgende Abbau völkerrechtlicher Normen ist in dieser Hinsicht eine demokratieschwächende Nebenerscheinung.

Ein Vorteil für die Partei der Auftraggeber ergibt sich im Kostenvorteil, da seit dem Ende des globalen Bipolarismus der 1990er Jahre stehende Heere auch in Friedenszeiten mit enormen Kosten verbunden sind. Mit der Einführung von PMUs ergab sich in Hinblick darauf ein flexibler und zuverlässiger Markt. So wurden auch 1995 in der *Operation Sturm* im Jugoslawien-Krieg 120.000 serbische Soldaten mit Hilfe der MPRI (Military Professional Resources Incorporated), die an der kroatischen Front kämpften mit strategischen und taktischen Mitteln vertrieben. Dieses Manöver war so erfolgversprechend, dass sich kurz darauf auch die Regierungen von Bosnien und Herzegowina und Mazedonien dazu entschieden auf die Unterstützung und den militärisch entscheidenden Fähigkeitstransfer von MPRI zurückzugreifen indem sie Verträge schlossen (Vgl. Shearer 1998).

Dass die IFOR-Streitkräfte (Implementation Force) auch noch lange Zeit nach Kriegsende auf dem Gebiet Ex-Jugoslawiens patrouillierten zeigt im Allgemeinen, dass die *Peacekeeping*-Missionen gekoppelt sind an die Profitmaximierung der privaten Sicherheits- und Militärunternehmen.

Des Weiteren dienen PMUs der Gewährleistung von staatlichen Strukturen bei Phänomenen des Zerbrechens von Gewaltmonopolen. In Zeiten, wo bürgerkriegsähnliche herrschen gilt es aus kundenorientierter Perspektive für Ordnung und Sicherheit zu sorgen.

---

[7] von Kriegsherren beherrschte Gebiete, in denen Banden das Sagen haben

Es ist nicht mehr auszuschließen, dass das Westfälische System vom 1648 sich stark verändert hat. Im aktuellen Kontext sind künftige Bedrohungen aber auch Herausforderungen für die globale Welt der Terrorismus, ökologische Einflüsse, Migrationswellen, der internationale Drogenhandel oder auch Geldwäsche. Man hat sich von der klassischen Kriegsführung entfernt im Sinne des staatlichen Gewaltmonopols. Neue globale Kriegsökonomien sind zerstreut und transnational und basieren auf wirtschaftlichen Interessen, der Ressourcenaneignung. Es kommt zur territorialen Entgrenzung, wohingegen Kriegsschauplätze geographisch territorial verortbar sind. Wo früher nach ideologischer Logik gekriegt wurde, geht es fortan um die Inbesitznahme politischer Macht und die ökonomische Logik des Profits. Kindersoldaten eignen sich daher als kostengünstigste Ware des marktrationalen Handelns.

PMUs existieren symbiotisch: als von Staaten ausgetragene Operationen oder von transnationalen Unternehmen autonome und gezielte Interessensimplementierung. Diese private Verfasstheit bietet dem Militärgewerbe Handlungsspielräume jenseits der völkerrechtlichen bzw. demokratischen Legitimation und politischen Akzeptanz.

Als Folge dessen versucht man so aus amerikanische Sicht auch den *Greater Middle East*[8] neu zu ordnen. Einzelne Staaten werden dadurch überflüssig, weil im neoliberalen System das Kapital global geworden ist und auf einer supranationalen Ebene gehandelt wird.

„Indem Gewalt, wenn auch oft nur sektoral privatisiert wird, wird sie informalisiert, entzieht sie sich der (politischen) Regulation. Damit sprengt sie den institutionellen, völkerrechtlichen verbindlichen Rahmen, der zu ihrer Einhegung entwickelt wurde, und die wird privaten Interessen untertan." (Ruf 2003: 41)

Jenseits der Staaten fungieren private Akteure als Entscheidungsträger mit anonymen Hintergrund. Die Nicht-Identifizierbarkeit der PMU-Mitarbeiter und ihrer Handlungen ist mit Sicherheit aus rechtlichen oder diplomatischen Gründen eine raffinierte Strategie, um als Staat offiziell nicht erkennbar zu werden, sondern als intransparenter Handlanger aus dem Hinterhalt zu agieren. (Vgl. Münchner 2002)

Dem modernen Heer mangelt es an Expertise und Ausrüstung, sodass die Truppenmobilität und Reaktionsfähigkeit besonders in weniger entwickelten Nationen begrenzt sind.

Die Auslagerung erfolgt folglich aus rationalen Gründen, um sich als Nation auf die hauptsächlichen militärischen Kernaufgaben konzentrieren zu können. Darüber hinaus helfen PMUs auch bei Wiederaufbauten, also in Friedenszeiten.

---

[8] Länder wie der Iran, Irak, Afghanistan oder auch Saudi-Arabien

Unter dem Begriff des Neoliberalen Kolonialismus versteht man in diesem Zusammenhang Stabilitätseinsätze zur Durchsetzung und Sicherung der „Weltwirtschaftsordnung" in Bürgerkriegsregionen. Diese sind meistens arme Entwicklungsländer, wo bewusst Kriege geführt werden mit dem Ziel Strukturen zu schaffen, die jener Bevölkerung ein würdevolles Leben und Wohlstand verschaffen sollen.

Ein weiterer Begriff für moderne Söldner stellt auch das englische Wort *contractor* dar. Es handelt sich eben um „Söldner in neuem Gewand." (Musah/Fayemi 2000) Es sind keine gewöhnlichen Söldner, da mehr Aufgaben auf die einzelnen PMU-Mitarbeiter fallen wie z.B. die Beratung, Ausbildung oder das Training in militärischen sicherheitsrelevanten Anliegen. Durch die neue Form der Professionalisierung und Reorganisieren vieler demobilisierter ehemaliger regulärer Soldaten, die in den Ost-West-Konflikt verwickelt waren, finden diese Söldner eine neue Möglichkeit zu arbeiten im Kampf gegen die Gefahren und Risiken des transnationalen Terrorismus.

Der PAT-Ansatz[9] untersucht im Rahmen der Neuen Institutionenökonomie das Verhältnis zwischen den beiden verhandelnden Akteuren beim Vertragsabschluss, um nicht erwünschte Nebeneffekte (Kollateralschäden) von vorne herein zu vermeiden.

Ein weiterer Versuch die PMUs zu untersuchen stammt aus dem politikwissenschaftlichen Bereich der Internationalen Beziehungen (IB), wobei man von einer multizentrischen Welt[10] ausgeht als Gegenpol zum Weltbild einer staatszentrischen Welt. (Vgl. Rosenau 1990)

Czempiel sieht eine Entwicklung einer Wirtschafts- und Gesellschaftswelt vor ohne großartiger staatlicher Zentriertheit, was durchaus ein neoliberaler Gedanke ist und auch in Verbindung mit den Machenschaften der PMUs zu setzen ist.


Zusammenfassend lässt sich sagen, dass PMUs in keiner Weise eine vorübergehende Erscheinung sind und eine feste Größe im internationalen Konfliktgeschehen sind.

Darüber hinaus ist rückwirkendes Insourcing nur in Ansätzen bisher erfolgt, sodass die Tendenz eher in Richtung weiterer Auslagerungsprozessen geht. Als langfristiges Ziel wird eine kontrollierte Eingliederung der PMU-Streitkräfte gefordert, um eine gesetzlich geregelte Zusammenarbeit zu gewährleisten. Man profitiert von Privaten Sicherheits- und Militärunternehmen durch die Kostenvorteile, den präventive Katastrophenschutz und durch die professionelle auf Erfahrung beruhende Spezialsierung und die damit verbundene Flexibilität von PMU-Streitkräften.

---

[9] engl. Principal Agent Theory (Jensen/Meckling 1976)

[10] Global Governance-Ansatz

Schlussfolgernd überwiegen dann insgesamt doch die Nachteile der PMUs mit den unkontrollierten Nebenwirkungen, der Bindung an wirtschaftliche Interessen und der mangelnden Transparenz bei militärischen Operationen. Jedoch stellt sich letzten Endes die Frage aus welcher Perspektive sich überhaupt die Vor- und Nachteile ergeben, wenn das übergeordnete Ziel die Profitmaximierung von Kapitalgesellschaften darstellt?

## Konklusion des Geschäfts mit der Angst[11]

PMUs führen durch ihre Spezialisierung auf bestimmte Aufgabenbereiche zu einem effektiven Leistungszuwachs und aus Sicht der Staaten zu Kosteneinsparungen. Hauptsächlich ist der zuliefernde und ausbildende Bereich privatisiert, sodass sich die staatlichen Streitkräfte auf ihre Kernkompetenzen konzentrieren können. Aber auch der Bereich bewaffneter Operationen ist teilweise privatisiert, sodass letztendlich die rechtliche Grauzone, in der sich die PMUs bewegen, sehr groß erscheint. Die staatliche Kontrolle ist durch fehlende Regularien stark eingeschränkt und auch bezüglich der demokratischen Legitimation der PMUs sind einige Fragen aufzuwerfen. Sie übernehmen die Aufgaben der Exekutive, der ausführenden Gewalt in der Gewaltenteilung, werden aber nicht, wie die Bundesregierung demokratisch legitimiert, sondern handeln profitorientiert. Diese Tatsache beantwortet in gewisser Hinsicht die oben thematisierte Fragestellung. Somit handelt es sich bei PMUs um ein neoliberales Phänomen, da ein vorher staatlicher Bereich privatisiert wurde und dem Markt einverleibt wurde. Dementsprechend finden sich hier die Nachteile wieder, die typisch für eine polit-ökonomische Kritik an einem neoliberalen Phänomen sind. Die Bindung an wirtschaftliche Interessen und Zwänge, die fehlende Legitimation und die mangelnde Verantwortung gegenüber der Öffentlichkeit stellen vor allem den Militärsektor vor eine berechtigte Diskussion.

Private Militärische Unternehmen scheinen also eine umstrittene Form der Organisation von militärischen Dienstleistungen zu sein. Ihre Entstehung wurde durch den Zerfall der bipolaren Weltordnung und des zunehmenden Neoliberalismus begünstigt. Gleichzeitig aber stellen PMUs selbst ein neoliberales Phänomen dar. Man kann behaupten, dass neoliberale Phänomene neue neoliberale Erscheinungen fördern.

Aber auch die fortschreitende Globalisierung hat ihren Teil dazu beigetragen, dass sich PMUs weltweit durchsetzen konnten. Räumlich gesehen sind PMUs eine durchaus interessante Angelegenheit, da die Zuständigkeitsbereiche jegliche nationale Grenzen überschreiten und auch

---

[11] Der Spiegel: "Sicherheitsindustrie: Gutes Geschäft mit der Angst" vom 21.01.2010

vor keiner Grenze zurückschrecken. Die Nationalstaatlichkeit wird immer unbedeutender, da die Erosion staatlicher Souveränität durch PMUs gefördert wird. Die Politik ist bei diesem neoliberalen Phänomen mehr gefragt denn je, da die rechtliche Lage, in Bezug auf Straf-, Völker-, Kriegs- und auf das öffentliche Recht, nicht eindeutig geklärt ist. Es stehen bei den Fällen des Militärsektors eben viele Menschenleben auf dem Spiel, sodass Skandale verhindert werden sollten durch Gesetzesinitiativen für diese Branche. Die Perspektive dieser Branche hängt davon ab, wie sich die Staaten bezüglich einer möglichen Reinkarnation militärischer Hoheitsbereiche verhalten, und wie sich die internationalen Vereinigungen auf mögliche Gesetze einigen, um der rechtlichen Grauzone eine Ende zu setzen, um die PMUs besser regulieren zu können. Es ist möglich, einheitliche Richtlinien in vielen Bereichen der weltweiten Standardisierung einzuführen, sodass es auch möglich sein wird, einheitliche globale Normen und Regeln für das Handeln der PMUs zu implementieren.

Alles in allem ist es fundamental, dass der „Unsichtbare Riese" sichtbar gemacht wird, damit die betroffene Branche in der öffentlichen Debatte steht, da es hier um Krieg und Frieden geht.

In welche Richtung die Politik die Debatte lenken wird, ist unklar.

Wichtig ist nur, dass sie öffentlich ausgetragen wird.

# Literaturverzeichnis


Ruf, W. (2003): Politische Ökonomie der Gewalt. Staatszerfall und die Privatisierung von Gewalt und Krieg. Opladen (Leske + Budrich).

..............................................................................................

von Boemcken, M. (2013): Between Security Markets and Protection Rackets. Formations of Political order. Opladen (Budrich Uni Press).

..............................................................................................

Wulf, H. (2005): Internationalisierung und Privatisierung von Krieg und Frieden. Baden-Baden (Nomos).

..............................................................................................

Joachim, L. (2009): Der Einsatz von „Private Military Companies" im modernen Konflikt. Ein neues Werkzeug für „Neue Kriege"? Münster (LIT Verlag).

..............................................................................................

Kümmel, G. (2011): Per Anhalter durch die Galaxis-Von Afrika über den Balkan zum „Krieg gegen den Terror". Zur Rolle von Privaten Sicherheits- und Militärunternehmen bei militärischen Einsätzen. In: Beckmann, R. (Hrsg.); Jäger, T.: Handbuch Kriegstheorien: 535-552. Wiesbaden (VS Verlag).

..............................................................................................

Feichtinger, W; Braumandl, W.; Kautny, N.-E. (2008): Private Sicherheits- und Militärfirmen. Weimar (Böhlau).

..............................................................................................

Döring, M. (2008): Private Militärfirmen der Gegenwart. Hintergrund, Typologisierung, völkerrechtliche Aspekte und Perspektiven. Hamburg (Diplomica Verlag).

..............................................................................................

Birke, G. (2007): Private Military Companies. Akteure in rechtlichen Grauzonen. Saarbrücken (VDM Verlag Dr. Müller).

..............................................................................................

Messner, J. J. (2010): Die Rolle des Privatsektors in internationalen Einätzen: Über ethische Grundsätze beim Vertragsabschluss. Berlin (LIT Verlag). In: Roithner, T. (2010): Söldner, Schurken, Seepiraten. Von der Privatisierung der Sicherheit und dem Chaos der „neuen" Kriege. Österreichisches Studienzentrum für Frieden und Konfliktlösung (Hg.)

..............................................................................................

Ralf Ptak (2007): Grundlagen des Neoliberalismus. In: Christoph Butterwegge, Bettina Lösch & Ralf Ptak : *Kritik des Neoliberalismus*. Wiesbaden: 13–86: 23.